BEI GRIN MACHT SICH IHR WISSEN BEZAHLT

AF168141

- Wir veröffentlichen Ihre Hausarbeit, Bachelor- und Masterarbeit

- Ihr eigenes eBook und Buch - weltweit in allen wichtigen Shops

- Verdienen Sie an jedem Verkauf

Jetzt bei www.GRIN.com hochladen und kostenlos publizieren

Einstellung von CDU/CSU-Wählenden zur Verteilung von Geschlechterrollen. Vergleich mit Nichtwählenden

Simon Rettenberger

Bibliografische Information der Deutschen Nationalbibliothek:

Die Deutsche Nationalbibliothek verzeichnet diese Publikation in der Deutschen Nationalbibliografie; detaillierte bibliografische Daten sind im Internet über http://dnb.d-nb.de abrufbar.

ISBN: 9783346606617
Dieses Buch ist auch als E-Book erhältlich.

Druck und Bindung: Books on Demand GmbH, Norderstedt Germany
Gedruckt auf säurefreiem Papier aus verantwortungsvollen Quellen

Das vorliegende Werk wurde sorgfältig erarbeitet. Dennoch übernehmen Autoren und Verlag für die Richtigkeit von Angaben, Hinweisen, Links und Ratschlägen sowie eventuelle Druckfehler keine Haftung.

Das Buch bei GRIN: https://www.grin.com/document/1181205

FOM Hochschule für Oekonomie & Management Essen

Hochschulzentrum Augsburg

Berufsbegleitender Studiengang zum

Bachelor of Science in Betriebswirtschaft und Wirtschaftspsychologie

2. Fachsemester

Hausarbeit im Modul: "Datenerhebung & Statistik"

Wie unterscheiden sich Personen, die die CDU/CSU präferieren, von anderen Personen in Bezug auf die Einstellung zur Verteilung der Geschlechterrollen?

Abgabedatum: 24.07.2020

Verwendeter Leitfaden: Leitfaden Seminar- und Abschlussarbeiten Wirtschaftspsychologie
(Stand WS 19/20)

Inhaltsverzeichnis

1. Datensatz

1.1 Beschreibung des Datensatzes

Beim Datensatz ALLBUScompact 2016 mit der doi: 10.4232/1.12797 handelt es sich um eine Befragung von 3490 Personen zu unterschiedlichen Themen, wie z.b. Familie und Geschlechterrollen, Politische Einstellung, Nationalstolz, Persönlichkeit, Staat und Regierung.

Daraus ergaben sich 589 verschiedene Variablen. In der Zeit von April bis September 2016 wurden Deutsche und Ausländer befragt, die in der Bundesrepublik Deutschland in privaten Haushalten leben und vor dem 01.01.1998 geboren sind. Statt der Erhebung einer einfachen Zufallsstichprobe wurde ein komplexes Stichprobendesign angewandt: Ostdeutschland wurde überrepräsentiert, jedoch durch ein spezielles Gewichtungssystem wieder der tatsächlichen Repräsentation angepasst.

Zur Vorbereitung auf die Analysen werden die Daten als "allbus" eingelesen und die relevanten Pakete geladen.

```
allbus <- read.csv("~/Studium/2. Semester/Hausarbeit D&S/allbus.csv", sep=";")
library("pacman")

p_load('dplyr',
       'tidyverse',
       'DT',
       'ggplot2',
       'ggthemes',
       'jtools',
       'papaja',
       'mosaic')
```

1.2 Variablendeskription

Aus den 589 Variablen wurden in dieser Arbeit 12 zur Analyse ausgewählt. In ihrer ursprünglichen Form sind alle „integer" bzw. numerisch diskret. Folgende Variablen wurden in die Analysen miteinbezogen:

X: Nummer im Datensatz des/der Befragten

n = 3490, missing = 0

fr02, fr04a, fr06, fr08, fr10: Fragen zur Verteilung der Geschlechterrollen. Die Antwortmöglichkeiten sind bei allen identisch:

1 Stimme voll und ganz zu

2 Stimme eher zu

3

3 Stimme eher nicht zu

4 Stimme überhaupt nicht zu

fr02: *„Für eine Frau ist es wichtiger, ihrem Mann bei seiner Karriere zu helfen, als selbst Karriere zu machen. "*

n = 1733, missing = 1757

fr04a: *„Es ist für alle Beteiligten viel besser, wenn der Mann voll im Berufsleben steht und die Frau zu Hause bleibt und sich um den Haushalt und die Kinder kümmert. "*

n = 1741, missing = 1749

fr06: *„Eine verheiratete Frau sollte auf eine Berufstätigkeit verzichten, wenn es nur eine begrenzte Anzahl von Arbeitsplätzen gibt, und wenn ihr Mann in der Lage ist, für den Unterhalt der Familie zu sorgen. "*

n = 1723, missing = 1767

fr08: *„Die beste Arbeitsteilung in einer Familie ist die, dass beide Partner Vollzeit arbeiten und sich gleichermaßen um den Haushalt und die Kinder kümmern. "*

n = 1725, missing = 1765

fr10: *„Auch wenn beide Eltern erwerbstätig sind, ist es besser, wenn die Verantwortung für den Haushalt und die Kinder hauptsächlich bei der Frau liegt. "*

n = 1723, missing = 1767

pv01: *„Wenn am nächsten Sonntag Bundestagswahl wäre, welche Partei würden Sie dann mit Ihrer ZWEITSTIMME wählen? "*

Antwortalternativen:

1 CDU bzw. CSU

2 SPD

3 FDP

4 Bündnis 90/Die Grünen

6 Die Linke

20 NPD

41 Piratenpartei

42 AfD (Alternative für Deutschland)

90 Andere Partei, und zwar: _____

91 Würde nicht wählen

n = 2831, missing = 659

pv04: *„Und welche Partei haben Sie mit Ihrer ZWEITSTIMME gewählt?"* (Bezieht sich auf die vorherige Frage, ob an der Bundestagswahl 2013 teilgenommen wurde - wenn dies der Fall war, wurde pv04 beantwortet)

Antwortalternativen:

Analog zu pv01 zuzüglich Antwortmöglichkeit 91 („Würde nicht wählen" entfällt durch eine vorangegangene Frage)

n = 2154, missing = 1336

sex: Geschlecht der Person

1 Mann

2 Frau

n = 3490, missing = 0

age: Alter des/der Befragten

n = 3486, missing = 4

educ: *„Welchen allgemeinbildenden Schulabschluss haben Sie?"* (Bezieht sich auf den höchsten Schulabschluss)

1 Noch Schüler

2 Schule beendet ohne Abschluss

3 Volks- / Hauptschulabschluss bzw. Polytechnische Oberschule mit Abschluss 8. oder 9. Klasse

4 Mittlere Reife, Realschulabschluss bzw. Polytechnische Oberschule mit Abschluss 10. Klasse

5

5 Fachhochschulreife (Abschluss einer Fachoberschule etc.)

6 Abitur bzw. Erweiterte Oberschule mit Abschluss 12. Klasse (Hochschulreife)

7 Anderen Schulabschluss, und zwar: _____

n = 3486, missing = 4

work: *„Nun weiter mit der Erwerbstätigkeit und Ihrem Beruf. Was von dieser Liste trifft auf Sie zu?"*

1 Hauptberufliche Erwerbstätigkeit, ganztags

2 Hauptberufliche Erwerbstätigkeit, halbtags

3 Nebenher erwerbstätig

4 Nicht erwerbstätig

n = 3489, missing = 1

1.3 Transformation des Datensatzes und der Variablen

Der Datensatz besteht insgesamt aus 589 verschiedenen Items. Durch viele nicht beantwortete Fragen entstanden häufig fehlende Werte (NA). Diese mussten für die verwendeten Variablen einzeln entfernt werden, da bei einem Befehl, der alle NA aussortiert, keine Personen mehr übrigbleiben würden.

Der Datensatz „allbus_neu" beschränkt sich lediglich auf die für die Hypothese relevanten Variablen. Da alle Werte numerisch sind, wurden die Variablen, bei denen die Antworten laut Variablenreport nominal sind, umkodiert. Fragen zur Einstellung der Geschlechterrollen (Variablen, die mit „fr" beginnen) wurden so umkodiert, dass ein hoher Wert mit einer hohen konservativen Ausprägung gleichgesetzt werden kann.

```r
# Datensatz mit nur relevanten Variablen erstellen

allbus_neu <- allbus %>%
  select(X, fr04a, fr06, fr08, fr10, fr02, pv01, pv04, sex, age, educ, work)

# Anker der Antwortmöglichkeiten umkodieren, so dass 1 = "Stimme überhaupt nich
t zu" und 4 = "Stimme voll und ganz zu" ist
# nur für: fr04a, fr06, fr10 und fr02 (da fr08 reverse scored)

allbus_neu <- allbus_neu %>%
  mutate(fr04a = factor(fr04a, levels = c(1, 2, 3, 4),
                        labels = c(4, 3, 2, 1))) %>%
   mutate(fr04a = as.numeric(fr04a))

allbus_neu <- allbus_neu %>%
  mutate(fr06 = factor(fr06, levels = c(1, 2, 3, 4),
                       labels = c(4, 3, 2, 1))) %>%
  mutate(fr06 = as.numeric(fr06))

allbus_neu <- allbus_neu %>%
  mutate(fr10 = factor(fr10, levels = c(1, 2, 3, 4),
                       labels = c(4, 3, 2, 1))) %>%
  mutate(fr10 = as.numeric(fr10))

allbus_neu <- allbus_neu %>%
  mutate(fr02 = factor(fr02, levels = c(1, 2, 3, 4),
                       labels = c(4, 3, 2, 1))) %>%
  mutate(fr02 = as.numeric(fr02))


# Spalteninhalte umbenennen für: sex, educ und work

allbus_neu <- allbus_neu %>%
  mutate(sex = factor(sex, levels = c(1, 2),
                      labels = c("männlich", "weiblich")))

allbus_neu <- allbus_neu %>%
  mutate(educ = factor(educ, levels = c(1, 2, 3, 4, 5, 6, 7),
                       labels = c("ohne Abschluss", "Volks-/Hauptschule", "mitt
lere Reife", "Fachhochschulreife", "Hochschulreife",
                                  "anderer Abschluss", "Schüler")))
```

```
allbus_neu <- allbus_neu %>%
  mutate(work = factor(work, levels = c(1, 2, 3, 4),
                       labels = c("hauptberuflich ganztags", "hauptberuflich ha
lbtags", "nebenher", "nicht erwerbstätig")))
```

Für die Hypothesen wurden eigene Variablen zu dem neuen Datensatz hinzugefügt. Bei Hypothese 1a wurden die Variablen „fr04a" und „fr06" zusammengefasst und der Mittelwert-Score berechnet. Bei Hypothese 1b das gleiche mit den Variablen „fr08" und „fr10". Für Hypothese 1c wurde die Variable „fr02" verwendet. Die Ausprägungen der Wahlentscheidung der Probanden wurde so umbenannt, dass sich „CDU/CSU" auf CDU/CSU-Wähler bezieht und „other" auf Wähler anderer Parteien als die CDU/CSU bzw. Nichtwähler.

```
# Spalten für Mittelwert-Scores der Hypothesen einfügen

allbus_neu <- allbus_neu %>%
  group_by(X) %>%
  mutate(hyp_1a = (fr04a + fr06) / 2,
         hyp_1b = (fr08 + fr10)/ 2,
         hyp_1c = (fr02))

# Inhalte der Wahl-Variablen umbenennen

allbus_neu <- allbus_neu %>%
  mutate(pv01 = factor(pv01, levels = c(1, 2, 3, 4, 6, 20, 41, 42, 90, 91),
                       labels = c("CDU/CSU", "SPD", "FPD", "Grüne", "Linke", "N
PD", "Piraten", "AfD", "andere", "Nichtwähler")))

allbus_neu <- allbus_neu %>%
  mutate(pv04 = factor(pv04, levels = c(1, 2, 3, 4, 6, 20, 41, 42, 90, 91),
                       labels = c("CDU/CSU", "SPD", "FPD", "Grüne", "Linke", "N
PD", "Piraten", "AfD", "andere", "Nichtwähler")))


# Generieren der neuen Variablen/Spalten "wahl" + "wahl_2013", die entweder "CD
U/CSU" oder "other" enthalten

allbus_neu <- allbus_neu %>%
  mutate(wahl = factor(pv01, levels = c("CDU/CSU", "SPD", "FPD", "Grüne", "Link
e", "NPD", "Piraten", "AfD", "andere", "Nichtwähler"),
                       labels = c("CDU/CSU", "other", "other", "other", "other"
, "other", "other", "other", "other", "other")))
```

```
allbus_neu <- allbus_neu %>%
  mutate(wahl_2013 = factor(pv04, levels = c("CDU/CSU", "SPD", "FPD", "Grüne",
"Linke", "NPD", "Piraten", "AfD", "andere", "Nichtwähler"),
                     labels = c("CDU/CSU", "other", "other", "other", "other"
, "other", "other", "other", "other", "other")))


# fehlende Werte loswerden

allbus_hyp_1a <- allbus_neu %>%
  group_by(X) %>%
  drop_na(hyp_1a, wahl)

allbus_hyp_1a_2013 <- allbus_neu %>%
  group_by(X) %>%
  drop_na(hyp_1a, wahl_2013)

allbus_hyp_1b <- allbus_neu %>%
  group_by(X) %>%
  drop_na(hyp_1b, wahl)

allbus_hyp_1b_2013 <- allbus_neu %>%
  group_by(X) %>%
  drop_na(hyp_1b, wahl_2013)

allbus_hyp_1c <- allbus_neu %>%
  group_by(X) %>%
  drop_na(hyp_1c, wahl)

allbus_hyp_1c_2013 <- allbus_neu %>%
  group_by(X) %>%
  drop_na(hyp_1c, wahl_2013)

pv01_ohneNA <- allbus_neu %>%
  group_by(X) %>%
  drop_na(pv01)

pv04_ohneNA <- allbus_neu %>%
  group_by(X) %>%
  drop_na(pv04)

educ_ohneNA <- allbus_neu %>%
  group_by(X) %>%
  drop_na(educ)

work_ohneNA <- allbus_neu %>%
  group_by(X) %>%
  drop_na(work)

age_ohneNA <- allbus_neu %>%
  group_by(X) %>%
  drop_na(age)
```

2. Deduktive Analysen

2.1 Hypothesen

Im Folgenden werden die Hypothesen angeführt, welche statistisch in konfirmatorischen Analysen geprüft wurden. Die Hypothese 1 dient hierbei als übergeordnete Hypothese. Es wurde versucht anhand der Überprüfung der Hypothesen 1a, 1b und 1c eine Aussage über diese übergeordnete Hypothese zu treffen.

H1: Die Einstellung zur Verteilung der Geschlechterrollen bzw. eine konservative Haltung diesbezüglich hängt (linear) von der Wahlentscheidung ab.

H1a: Die Meinung, dass die Frau Zuhause bleiben sollte, während der Mann für den Unterhalt zuständig ist, ist abhängig davon, ob die CDU/CSU oder eine andere Partei gewählt wird bzw. nicht gewählt wird.

H1b: Die Präferenz dafür, dass die Frau den Haushalt übernimmt, selbst wenn beide Partner berufstätig sind, ist abhängig davon, ob die CDU/CSU oder eine andere Partei gewählt wird bzw. nicht gewählt wird.

H1c: Die Einstellung, dass die Frau lieber ihren Mann bei seinem Berufserfolg unterstützen sollte, ist abhängig davon, ob die CDU/CSU oder eine andere Partei gewählt wird bzw. nicht gewählt wird.

Als Prämisse wird ein Signifikanzniveau von $\alpha = 0.05$ herangezogen.

2.2 Deskriptive Statistiken

In diesem Teil des Berichts werden die Ergebnisse der deskriptiven Statistiken präsentiert. Die nachfolgende Kreuztabelle zeigt die Ergebnisse, wenn 2016 eine Wahl stattgefunden hätte. Der Anteil der CDU/CSU-Wähler beträgt 26%. Bei der Bundestagswähl 2013 wählten 37% der Befragten die CDU/CSU. Hier handelt es sich jedoch nicht um das tatsächliche Wahlergebnis, sondern nur den Anteil in der Stichprobe bzw. des Datensatzes „allbus" unter Ausschluss der fehlenden Werte.

```
# Wahlergebnis, wenn 2016 gewählt werden würde

tally( ~ pv01, data = pv01_ohneNA, format = "proportion")

## pv01
##      CDU/CSU        SPD        FPD      Grüne      Linke        NPD
## 0.264217591 0.201342282 0.073825503 0.144825150 0.091840339 0.007417874
##      Piraten        AfD     andere Nichtwähler
## 0.011303426 0.101377605 0.013422819 0.090427411

# Gewählte Parteien der Bundestagswahl 2013

tally( ~ pv04, data = pv04_ohneNA, format = "proportion")

## pv04
##      CDU/CSU        SPD        FPD      Grüne      Linke        NPD
## 0.369545032 0.253017642 0.071030641 0.145311049 0.100278552 0.006035283
##      Piraten        AfD     andere Nichtwähler
## 0.011606314 0.038532962 0.004642526 0.000000000
```

Die mittlere Reife ist mit 35% der häufigste Schulabschluss in der Stichprobe.

```
# höchster Schulabschluss

tally( ~ educ, data = educ_ohneNA, format = "proportion")

## educ
##      ohne Abschluss Volks-/Hauptschule      mittlere Reife Fachhochschulreife
##        0.010900746        0.248709122         0.350545037        0.082616179
##      Hochschulreife  anderer Abschluss             Schüler
##        0.297188755        0.004016064         0.006024096
```

Das Durchschnittsalter der der Befragten liegt bei 51 Jahren, der jüngste Teilnehmer war 18 Jahre und der älteste 97 Jahre alt.

```
# Durchschnittsalter

mean( ~ age, data = age_ohneNA)

## [1] 51.14314

# jüngster Teilnehmer der Umfrage

min( ~ age, data = age_ohneNA)

## [1] 18

# ältester Teilnehmer der Umfrage

max( ~ age, data = age_ohneNA)

## [1] 97
```

Für die Hypothesen 1a, 1b und 1c wurde jeweils ein eigener Datensatz mit Mittelwert (MW), Standardabweichung (SD) und Standardfehler (SE) der abhängigen Variablen erstellt.

Bei jeder der abhängigen Variablen war der Mittelwert von "other" höher als bei "CDU/CSU".

```
# Datensatz generieren mit MW, SD und SE für Hyp_1a

plotdaten_hyp_1a <- allbus_hyp_1a %>%
  group_by(
  wahl
  ) %>%
  summarise(
    hyp_1a_mean = mean(hyp_1a, na.rm = TRUE),
    hyp_1a_sd = sd(hyp_1a, na.rm = TRUE),
    N = n(),
    hyp_1a_se = sd(hyp_1a, na.rm = TRUE) / sqrt(N)
  )

# Datensatz anzeigen lassen

plotdaten_hyp_1a

## # A tibble: 2 x 5
##    wahl    hyp_1a_mean hyp_1a_sd     N hyp_1a_se
##    <fct>         <dbl>     <dbl> <int>     <dbl>
## 1 CDU/CSU        3.06     0.806   349    0.0431
## 2 other          3.23     0.772  1051    0.0238

# Datensatz generieren mit MW, SD und SE für Hyp_1b
```

```
plotdaten_hyp_1b <- allbus_hyp_1b %>%
  group_by(
   wahl
  ) %>%
  summarise(
    hyp_1b_mean = mean(hyp_1b, na.rm = TRUE),
    hyp_1b_sd = sd(hyp_1b, na.rm = TRUE),
    N = n(),
    hyp_1b_se = sd(hyp_1b, na.rm = TRUE) / sqrt(N)
  )

# Datensatz anzeigen lassen

plotdaten_hyp_1b

## # A tibble: 2 x 5
##    wahl     hyp_1b_mean hyp_1b_sd     N hyp_1b_se
##    <fct>          <dbl>     <dbl> <int>     <dbl>
## 1 CDU/CSU         2.56     0.596   385    0.0304
## 2 other           2.64     0.610  1005    0.0192

# Datensatz generieren mit MW, SD und SE für Hyp_1c

plotdaten_hyp_1c <- allbus_hyp_1a %>%
  group_by(
   wahl
  ) %>%
  summarise(
    hyp_1c_mean = mean(hyp_1c, na.rm = TRUE),
    hyp_1c_sd = sd(hyp_1c, na.rm = TRUE),
    N = n(),
    hyp_1c_se = sd(hyp_1c, na.rm = TRUE) / sqrt(N)
  )

# Datensatz anzeigen lassen

plotdaten_hyp_1c

## # A tibble: 2 x 5
##    wahl     hyp_1c_mean hyp_1c_sd     N hyp_1c_se
##    <fct>          <dbl>     <dbl> <int>     <dbl>
## 1 CDU/CSU         3.05     0.840   349    0.0450
## 2 other           3.23     0.801  1051    0.0247
```

2.3 Diagramme

In diesem Abschnitt erfolgen einige visuellen Darstellungen des Datensatzes, beginnend mit der Übersicht über die Verteilung des Alters der Teilnehmenden.

```
gf_histogram( ~ age, data = age_ohneNA, binwidth = 2, center = 1) %>%
  gf_labs(x = "Alter", y = "Anzahl") %>%
  gf_theme(theme = theme_apa(base_size = 10))
```

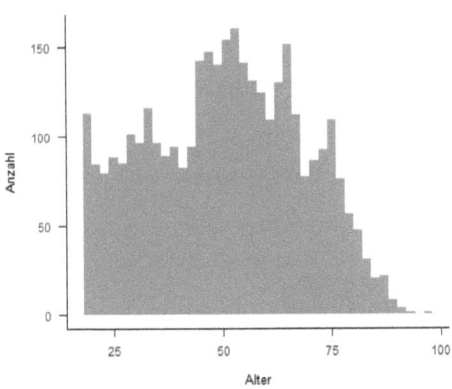

Im Balkendiagramm zu dem Beschäftigungsstatus der Probanden, zeigt sich, dass auffallend viele Personen nicht erwerbstätig sind, jedoch zählen hierzu auch Studenten und Schüler.

```
gf_bar( ~ work, data = work_ohneNA) %>%
  gf_labs(x = "Beschäftigungsstatus", y = "Anzahl") %>%
  gf_theme(theme = theme_apa(base_size = 10)) %>%
  gf_theme(axis.text.x = element_text(angle = 90, vjust = 0.5, hjust = 1))
```

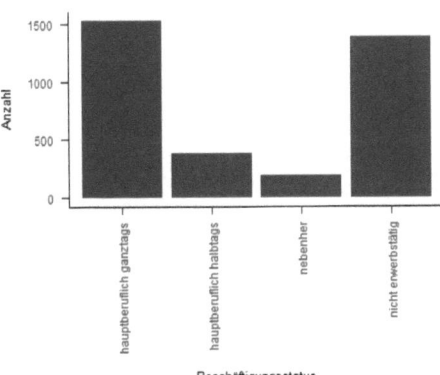

14

Die nachfolgenden Streudiagramme mit den Variablen „hyp_1a" (bzw. „hyp_1b" und „hyp_1c")
und „wahl" bieten eine Übersicht zur Verteilung der einzelnen Werte in Abhängigkeit der
getroffenen Wahlentscheidung der Probanden. Auffallend ist hier, dass bei „CDU/CSU" deutlich
weniger Werte abgetragen sind als bei „other". Das bedeutet auch, dass es weniger Probanden in
der Gruppe der CDU/CSU-Wähler gab.

```
gf_point(hyp_1a ~ wahl, data = allbus_hyp_1a, position = "jitter") %>%
    gf_labs(x = "Wahl", y = "Scores für Hypothese 1a") %>%
    gf_theme(theme = theme_apa(base_size = 10))

gf_point(hyp_1b ~ wahl, data = allbus_hyp_1b, position = "jitter") %>%
    gf_labs(x = "Wahl", y = "Scores von Hypothese 1b") %>%
    gf_theme(theme = theme_apa(base_size = 10))

gf_point(hyp_1c ~ wahl, data = allbus_hyp_1c, position = "jitter") %>%
    gf_labs(x = "Wahl", y = "Scores von Hypothese 1c") %>%
    gf_theme(theme = theme_apa(base_size = 10))
```

15

Die Mittelwerte und deren Standardfehler der einzelnen abhängigen Variablen werden im Folgenden mithilfe von Balkendiagrammen visualisiert.

```
# Balkendiagramm für Hypothese 1a

plotdaten_hyp_1a %>%
  ggplot(aes(x= wahl, y = hyp_1a_mean)) +
    geom_col(position = "dodge") +
  geom_errorbar(aes(ymin = hyp_1a_mean-hyp_1a_se, ymax = hyp_1a_mean+hyp_1a_se)
,
                    size=.3,
                      width=.2,
                        position=position_dodge(.9)) +
  labs(x = "Wahlentscheidung", y = "Mittelwertscores für Hyp1a") +
  papaja :: theme_apa(base_size = 10) +
  scale_y_continuous(expand = c(0, 0), limits = c(0, 6)) +
  coord_cartesian(ylim = c(1, 4))

# Balkendiagramm für Hypothese 1b

plotdaten_hyp_1b %>%
  ggplot(aes(x= wahl, y = hyp_1b_mean)) +
    geom_col(position = "dodge") +
  geom_errorbar(aes(ymin = hyp_1b_mean-hyp_1b_se, ymax = hyp_1b_mean+hyp_1b_se)
,
                    size=.3,
                      width=.2,
                        position=position_dodge(.9)) +
  labs(x = "Wahlentscheidung", y = "Mittelwertscores für Hyp1b") +
  papaja :: theme_apa(base_size = 10) +
  scale_y_continuous(expand = c(0, 0), limits = c(0, 6)) +
  coord_cartesian(ylim = c(1, 4))

# Balkendiagramm für Hypothese 1c

plotdaten_hyp_1c %>%
  ggplot(aes(x= wahl, y = hyp_1c_mean)) +
    geom_col(position = "dodge") +
  geom_errorbar(aes(ymin = hyp_1c_mean-hyp_1c_se, ymax = hyp_1c_mean+hyp_1c_se)
,
                    size=.3,      # Thinner Lines
                      width=.2,
                        position=position_dodge(.9)) +
  labs(x = "Wahlentscheidung", y = "Mittelwertscores für Hyp1c") +
  papaja :: theme_apa(base_size = 10) +
  scale_y_continuous(expand = c(0, 0), limits = c(0, 6)) +
  coord_cartesian(ylim = c(1, 4))
```

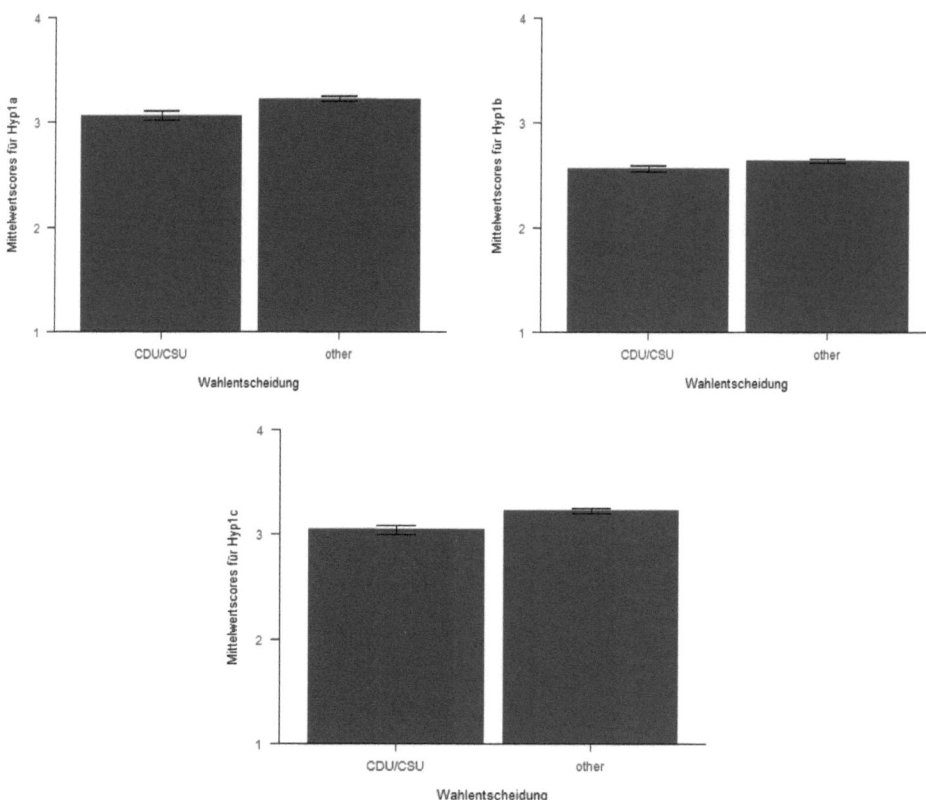

Die Balkendiagramme zeigen für alle drei abhängigen Variablen, dass Teilnehmende, welche die CDU/CSU präferieren, einen geringeren Mittelwert bezogen auf eine konservative Einstellung zu den Geschlechterrollen aufweisen, als Wähler anderer Parteien bzw. Nichtwähler.

2.4 Signifikanztests

Die Ergebnisse der statistischen Analysen werden in kommenden Abschnitt dargestellt. Um die Hypothesen 1a, 1b und 1c konfirmatorisch zu prüfen, wurden lineare Regressionen mit der AV "hyp_1a" (bzw. "hyp_1b" und "hyp_1c") und der UV "wahl" erstellt. Der Faktor „wahl" hat mit „CDU/CSU" und „other" zwei Stufen. Um nur die fehlenden Werte für die jeweilige Hypothese zu entfernen wurde ein eingangs speziell für jede Hypothese erstellter Datensatz verwendet.

```
# Lineare Regression mit den Variablen hyp_1a und wahl

lm_hyp_1a <- lm(hyp_1a ~ wahl, data = allbus_hyp_1a)

# Ergebnisse der Regression

summary(lm_hyp_1a)

##
## Call:
## lm(formula = hyp_1a ~ wahl, data = allbus_hyp_1a)
##
## Residuals:
##     Min      1Q  Median      3Q     Max
## -2.2269 -0.2269  0.2731  0.7731  0.9355
##
## Coefficients:
##               Estimate Std. Error t value Pr(>|t|)
## (Intercept)    3.06447    0.04176  73.380  < 2e-16 ***
## wahlother      0.16246    0.04820   3.371 0.000771 ***
## ---
## Signif. codes:  0 '***' 0.001 '**' 0.01 '*' 0.05 '.' 0.1 ' ' 1
##
## Residual standard error: 0.7802 on 1398 degrees of freedom
## Multiple R-squared:  0.008061,   Adjusted R-squared:  0.007351
## F-statistic: 11.36 on 1 and 1398 DF,  p-value: 0.0007708

# Streudiagramm mit Regressionsgerade

lm_hyp_1a

##
## Call:
## lm(formula = hyp_1a ~ wahl, data = allbus_hyp_1a)
##
## Coefficients:
## (Intercept)    wahlother
##      3.0645       0.1625

allbus_hyp_1a %>%
  ggplot(aes(x= wahl, y = hyp_1a)) +
    geom_point(position = "jitter") +
  geom_abline(intercept = 3.06, slope = 0.16, color = "red") +
  labs(x = "Wahlentscheidung", y = "Mittelwertscores für Hyp1a") +
  papaja :: theme_apa(base_size = 10) +
  coord_cartesian(ylim = c(1, 4))
```

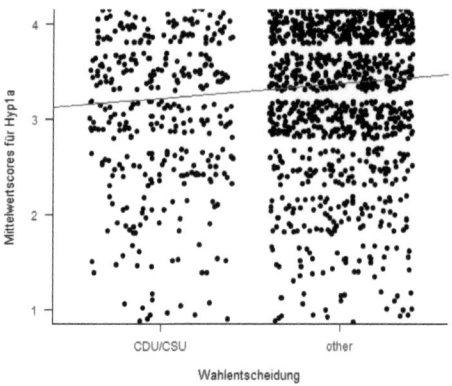

```
# Konfidenzintervall

confint(lm_hyp_1a)

##                    2.5 %     97.5 %
## (Intercept)  2.98254722   3.146393
## wahlother    0.06790566   0.257008
```

Konsistent mit der Hypothese 1a wurde die lineare Regression mit den Variablen „wahl" und „hyp_1a" signifikant ($F(1, 1398) = 11.36$, $p < .001$, $R^2 = 0.008$). Der Schätzwert für den Steigungsparameter $\beta 1$ lag bei 0.162 (95% KI für $\beta 1$ [0.07, 0.26]).

```
# Lineare Regression mit den Variablen hyp_1b und wahl

lm_hyp_1b <- lm(hyp_1b ~ wahl, data = allbus_hyp_1b)

# Ergebnisse der Regression

summary(lm_hyp_1b)

##
## Call:
## lm(formula = hyp_1b ~ wahl, data = allbus_hyp_1b)
##
## Residuals:
##     Min      1Q  Median      3Q     Max
## -1.6393 -0.1393 -0.1393  0.3607  1.4364
##
## Coefficients:
```

```
##              Estimate Std. Error t value Pr(>|t|)
## (Intercept)  2.56364    0.03087  83.051  <2e-16 ***
## wahlother    0.07567    0.03630   2.084  0.0373 *
## ---
## Signif. codes:  0 '***' 0.001 '**' 0.01 '*' 0.05 '.' 0.1 ' ' 1
##
## Residual standard error: 0.6057 on 1388 degrees of freedom
## Multiple R-squared:  0.00312,    Adjusted R-squared:  0.002402
## F-statistic: 4.344 on 1 and 1388 DF,  p-value: 0.03731
```

```
# Streudiagramm mit Regressionsgerade
```

```
lm_hyp_1b
```

```
##
## Call:
## lm(formula = hyp_1b ~ wahl, data = allbus_hyp_1b)
##
## Coefficients:
## (Intercept)     wahlother
##     2.56364       0.07567
```

```
allbus_hyp_1b %>%
  ggplot(aes(x= wahl, y = hyp_1b)) +
    geom_point(position = "jitter") +
  geom_abline(intercept = 2.56, slope = 0.08, color = "red") +
  labs(x = "Wahlentscheidung", y = "Mittelwertscores für Hyp1b") +
  papaja :: theme_apa(base_size = 10) +
  coord_cartesian(ylim = c(1, 4))
```

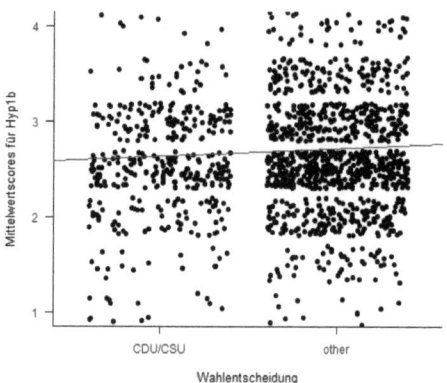

```
# Konfidenzintervall

confint(lm_hyp_1b)

##                2.5 %    97.5 %
## (Intercept) 2.5030826 2.6241901
## wahlother   0.0044531 0.1468811
```

Die lineare Regression mit den Variablen „wahl" und „hyp_1b" erwies sich als signifikant ($F(1, 1388)$ = 4.34, p = .037, R^2 = 0.003), was nicht im Widerspruch zur Hypothese 1b steht. Der Schätzwert für den Steigungsparameter β1 betrug 0.08 (95% KI für β1 [0.004, 0.15]).

```
# Lineare Regression mit den Variablen hyp_1c und wahl

lm_hyp_1c <- lm(hyp_1c ~ wahl, data = allbus_hyp_1c)

# Ergebnisse der Regression

summary(lm_hyp_1c)

##
## Call:
## lm(formula = hyp_1c ~ wahl, data = allbus_hyp_1c)
##
## Residuals:
##     Min      1Q   Median      3Q      Max
## -2.23295 -0.23295 -0.04857 0.76705 0.95143
##
## Coefficients:
##             Estimate Std. Error t value Pr(>|t|)
## (Intercept)  3.04857    0.04324  70.500  < 2e-16 ***
```

21

```
## wahlother      0.18438     0.04990    3.695 0.000228 ***
## ---
## Signif. codes:  0 '***' 0.001 '**' 0.01 '*' 0.05 '.' 0.1 ' ' 1
##
## Residual standard error: 0.809 on 1404 degrees of freedom
## Multiple R-squared:  0.009632,   Adjusted R-squared:  0.008927
## F-statistic: 13.66 on 1 and 1404 DF,  p-value: 0.0002281
```

Streudiagramm mit Regressionsgerade

```
lm_hyp_1c
```

```
##
## Call:
## lm(formula = hyp_1c ~ wahl, data = allbus_hyp_1c)
##
## Coefficients:
## (Intercept)    wahlother
##      3.0486       0.1844
```

```
allbus_hyp_1c %>%
  ggplot(aes(x= wahl, y = hyp_1c)) +
    geom_point(position = "jitter") +
  geom_abline(intercept = 3.05, slope = 0.18, color = "red") +
  labs(x = "Wahlentscheidung", y = "Mittelwertscores für Hyp1a") +
  papaja :: theme_apa(base_size = 10) +
  coord_cartesian(ylim = c(1, 4))
```

Konfidenzintervall

```
confint(lm_hyp_1c)
```

```
##                    2.5 %     97.5 %
## (Intercept) 2.96374494 3.1333979
## wahlother   0.08650351 0.2822627
```

Wie in Hypothese 1c erwartet, lieferte die lineare Regression mit den Variablen „wahl" und „hyp_1c" signifikante Ergebnisse ($F(1, 1404) = 13.66$, $p < .001$, $R^2 = 0.01$). Der Schätzwert für den Steigungsparameter $\beta 1$ lag bei 0.18 (95% KI für $\beta 1$ [0.09, 0.28]).

3. Explorative Analysen

3.1 Ergebnisse der Wahl 2013

Im weiteren Verlauf erfolgt der Vergleich des Ergebnisses der linearen Regressionen, wenn man nun die Variable "pv04" betrachtet, die sich auf die Wahlentscheidung bei der Bundestagswahl 2013 bezieht. Diese wurde bei der Transformation in die Variable "wahl_2013" umbenannt und ebenfalls unterteilt in die Ausprägungen "CDU/CSU" für CDU/CSU-Wähler und "other" für Wähler anderer Parteien bzw. Nichtwähler.

```
# Lineare Regression mit den Variablen hyp_1a und wahl_2013

lm_hyp_1a_2013 <- lm(hyp_1a ~ wahl_2013, data = allbus_hyp_1a_2013)

summary(lm_hyp_1a_2013)

##
## Call:
## lm(formula = hyp_1a ~ wahl_2013, data = allbus_hyp_1a_2013)
##
## Residuals:
##     Min      1Q  Median      3Q     Max
## -2.2904 -0.2904  0.2096  0.7096  0.8680
##
## Coefficients:
##                 Estimate Std. Error t value Pr(>|t|)
## (Intercept)      3.13200    0.03969   78.92  < 2e-16 ***
## wahl_2013other   0.15839    0.04934    3.21  0.00137 **
## ---
## Signif. codes:  0 '***' 0.001 '**' 0.01 '*' 0.05 '.' 0.1 ' ' 1
##
## Residual standard error: 0.7685 on 1060 degrees of freedom
## Multiple R-squared:  0.009628,   Adjusted R-squared:  0.008694
## F-statistic:  10.3 on 1 and 1060 DF,  p-value: 0.001367
```

```
# Streudiagramm mit Regressionsgerade

lm_hyp_1a_2013

##
## Call:
## lm(formula = hyp_1a ~ wahl_2013, data = allbus_hyp_1a_2013)
##
## Coefficients:
##     (Intercept)  wahl_2013other
##          3.1320          0.1584

allbus_hyp_1a_2013 %>%
  ggplot(aes(x= wahl_2013, y = hyp_1a)) +
    geom_point(position = "jitter") +
  geom_abline(intercept = 3.13, slope = 0.16, color = "red") +
    labs(x = "Wahlentscheidung 2013", y = "Mittelwertscores für Hyp1a") +
    papaja :: theme_apa(base_size = 10) +
    coord_cartesian(ylim = c(1, 4))
```

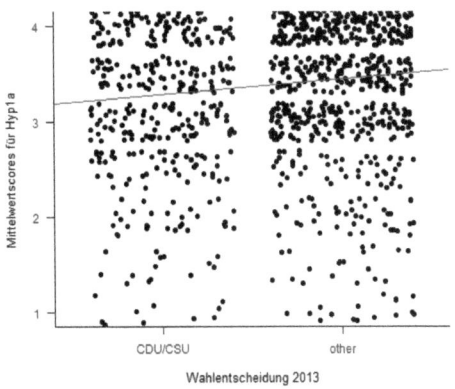

```
# Konfidenzintervall

confint(lm_hyp_1a_2013)

##                    2.5 %    97.5 %
## (Intercept)    3.05412928 3.2098707
## wahl_2013other 0.06157458 0.2552114
```

Die lineare Regression mit den Variablen „wahl_2013" und „hyp_1a" wurde signifikant ($F_{(1, 1060)}$ = 10.3, p = .001, R^2 = 0.01). Der Schätzwert für den Steigungsparameter $\beta1$ lag bei 0.16 (95% KI für $\beta1$ [0.06, 0.26]).

```
# Lineare Regression mit den Variablen hyp_1b und wahl_2013

lm_hyp_1b_2013 <- lm(hyp_1b ~ wahl_2013, data = allbus_hyp_1b_2013)

summary(lm_hyp_1b_2013)

##
## Call:
## lm(formula = hyp_1b ~ wahl_2013, data = allbus_hyp_1b_2013)
##
## Residuals:
##      Min      1Q   Median      3Q     Max
## -1.67634 -0.17634 -0.04768  0.32366 1.45232
##
## Coefficients:
##                  Estimate Std. Error t value Pr(>|t|)
## (Intercept)       2.54768    0.02974  85.662  < 2e-16 ***
## wahl_2013other    0.12866    0.03791   3.394 0.000714 ***
## ---
## Signif. codes:  0 '***' 0.001 '**' 0.01 '*' 0.05 '.' 0.1 ' ' 1
##
## Residual standard error: 0.6015 on 1062 degrees of freedom
## Multiple R-squared:  0.01073,   Adjusted R-squared:  0.0098
## F-statistic: 11.52 on 1 and 1062 DF,  p-value: 0.0007138

# Streudiagramm mit Regressionsgerade

lm_hyp_1b_2013

##
## Call:
## lm(formula = hyp_1b ~ wahl_2013, data = allbus_hyp_1b_2013)
##
## Coefficients:
##    (Intercept)  wahl_2013other
##         2.5477          0.1287

allbus_hyp_1b_2013 %>%
  ggplot(aes(x= wahl_2013, y = hyp_1b)) +
    geom_point(position = "jitter") +
  geom_abline(intercept = 2.55, slope = 0.13, color = "red") +
  labs(x = "Wahlentscheidung 2013", y = "Mittelwertscores für Hyp1b") +
  papaja :: theme_apa(base_size = 10) +
  coord_cartesian(ylim = c(1, 4))
```

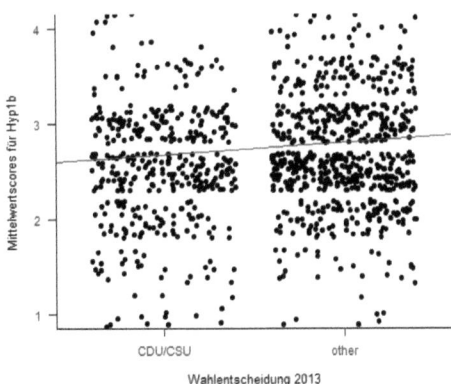

Wahlentscheidung 2013

Konfidenzintervall

```
confint(lm_hyp_1b_2013)
```

```
##                    2.5 %      97.5 %
## (Intercept)    2.48931931  2.6060352
## wahl_2013other 0.05427963  0.2030376
```

Die lineare Regression mit den Variablen „wahl_2013" und „hyp_1b" erwies sich ebenfalls als signifikant (F(1, 1062) = 11.52, p < .001, R² = 0.01). Der Schätzwert für den Steigungsparameter β1 hatte den Wert 0.13 (95% KI für β1 [0.05, 0.20]).

Lineare Regression mit den Variablen hyp_1c und wahl_2013

```
lm_hyp_1c_2013 <- lm(hyp_1c ~ wahl_2013, data = allbus_hyp_1c_2013)
```

```
summary(lm_hyp_1c_2013)
```

```
##
## Call:
## lm(formula = hyp_1c ~ wahl_2013, data = allbus_hyp_1c_2013)
##
## Residuals:
##     Min      1Q  Median      3Q     Max
## -2.2896 -0.2896 -0.1114  0.7104  0.8886
##
## Coefficients:
##                Estimate Std. Error t value Pr(>|t|)
## (Intercept)     3.11141    0.04132  75.299  < 2e-16 ***
## wahl_2013other  0.17822    0.05133   3.472 0.000537 ***
## ---
## Signif. codes:  0 '***' 0.001 '**' 0.01 '*' 0.05 '.' 0.1 ' ' 1
##
## Residual standard error: 0.8023 on 1069 degrees of freedom
## Multiple R-squared:  0.01115,    Adjusted R-squared:  0.01023
## F-statistic: 12.05 on 1 and 1069 DF,  p-value: 0.0005374
```

26

```
# Streudiagramm mit Regressionsgerade

lm_hyp_1c_2013

##
## Call:
## lm(formula = hyp_1c ~ wahl_2013, data = allbus_hyp_1c_2013)
##
## Coefficients:
##    (Intercept)   wahl_2013other
##         3.1114           0.1782

allbus_hyp_1c_2013 %>%
  ggplot(aes(x= wahl_2013, y = hyp_1c)) +
    geom_point(position = "jitter") +
  geom_abline(intercept = 3.11, slope = 0.18, color = "red") +
  labs(x = "Wahlentscheidung 2013", y = "Mittelwertscores für Hyp1c") +
  papaja :: theme_apa(base_size = 10) +
  coord_cartesian(ylim = c(1, 4))
```

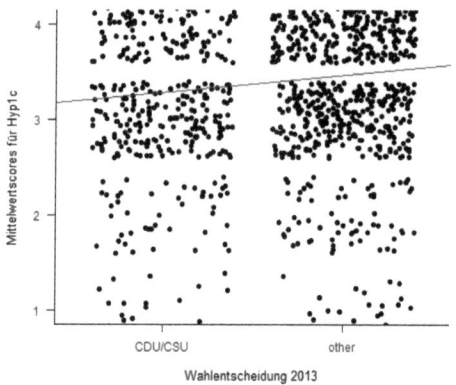

```
# Konfidenzintervall

confint(lm_hyp_1c_2013)

##                    2.5 %      97.5 %
## (Intercept)     3.03032685 3.1924848
## wahl_2013other  0.07749776 0.2789413
```

Die lineare Regression mit den Variablen „wahl_2013" und „hyp_1c" zeigte sich signifikant ($F(1, 1069) = 12.05$, $p < .001$, $R^2 = 0.01$). Der Schätzwert für den Steigungsparameter $\beta 1$ betrug 0.18 (95% KI für $\beta 1$ [0.08, 0.28]).

3.2 Einfluss des Alters

Die Ergebnisse der explorativen Untersuchung, ob und wie das Alter der Probanden den Zusammenhang zwischen der Wahlentscheidung und einer konservativen Einstellung bezüglich der Geschlechterwahl beeinflusst, werden im Folgenden dargestellt.

Dazu wurden lineare Regressionen mit der abhängigen Variablen "hyp_1a" (bzw. „hyp_1b" und „hyp_1c"), der unabhängigen Variable „wahl" und der Kovariable „age" durchgeführt.

```
lm_hyp_1a_age <- lm(hyp_1a ~ wahl + age, data = allbus_hyp_1a)

summary(lm_hyp_1a_age)

##
## Call:
## lm(formula = hyp_1a ~ wahl + age, data = allbus_hyp_1a)
##
## Residuals:
##     Min      1Q  Median      3Q     Max
## -2.4196 -0.4265  0.1296  0.6378  1.1884
##
## Coefficients:
##              Estimate Std. Error t value Pr(>|t|)
## (Intercept)  3.500807   0.074827  46.785  < 2e-16 ***
## wahlother    0.148565   0.047462   3.130  0.00178 **
## age         -0.008204   0.001176  -6.977 4.65e-12 ***
## ---
## Signif. codes:  0 '***' 0.001 '**' 0.01 '*' 0.05 '.' 0.1 ' ' 1
##
## Residual standard error: 0.7674 on 1396 degrees of freedom
##   (1 observation deleted due to missingness)
## Multiple R-squared:  0.0415, Adjusted R-squared:  0.04013
## F-statistic: 30.22 on 2 and 1396 DF,  p-value: 1.416e-13

# Streudiagramm mit Regressionsgerade

lm_hyp_1a_age

##
## Call:
## lm(formula = hyp_1a ~ wahl + age, data = allbus_hyp_1a)
##
## Coefficients:
## (Intercept)    wahlother          age
##    3.500807     0.148565    -0.008204
```

```
allbus_hyp_1a %>%
  ggplot(aes(x= wahl, y = hyp_1a, color = age)) +
    geom_point(position = "jitter") +
  geom_abline(intercept = 3.50, slope = -0.008, color = "red") +
  labs(x = "Wahlentscheidung", y = "Mittelwertscores für Hyp1a") +
  papaja :: theme_apa(base_size = 10) +
  coord_cartesian(ylim = c(1, 4))
```

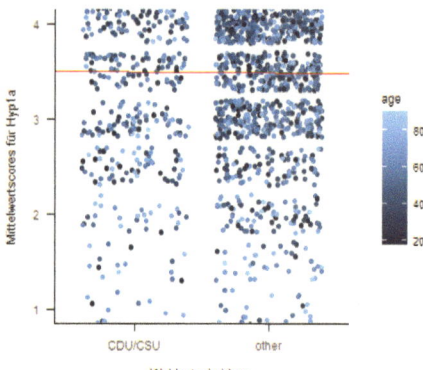

```
# Konfidenzintervall

confint(lm_hyp_1a_age)

##                  2.5 %       97.5 %
## (Intercept)   3.35402157   3.64759265
## wahlother     0.05546079   0.24166903
## age          -0.01051124  -0.00589754
```

Die lineare Regression mit den Variablen „wahl", „hyp_1a" und „age" erwies sich als signifikant (F(2, 1396) = 30.22, p < .001, R² = 0.04). Der Schätzwert für den Steigungsparameter β2 lag bei -0.008 (95% KI für β2 [-0.01, -0.006]).

```
lm_hyp_1b_age <- lm(hyp_1b ~ wahl + age, data = allbus_hyp_1b)

summary(lm_hyp_1b_age)

##
## Call:
## lm(formula = hyp_1b ~ wahl + age, data = allbus_hyp_1b)
##
## Residuals:
##      Min       1Q   Median       3Q      Max
## -1.72162 -0.31149 -0.05312  0.38835  1.57932
##
```

```
## Coefficients:
##               Estimate Std. Error t value Pr(>|t|)
## (Intercept)  2.8587855  0.0561920  50.875  < 2e-16 ***
## wahlother    0.0650401  0.0359000   1.812   0.0702 .
## age         -0.0056168  0.0008986  -6.251 5.43e-10 ***
## ---
## Signif. codes:  0 '***' 0.001 '**' 0.01 '*' 0.05 '.' 0.1 ' ' 1
##
## Residual standard error: 0.5977 on 1386 degrees of freedom
##   (1 observation deleted due to missingness)
## Multiple R-squared:  0.03043,    Adjusted R-squared:  0.02903
## F-statistic: 21.75 on 2 and 1386 DF,  p-value: 4.993e-10

# Streudiagramm mit Regressionsgerade

lm_hyp_1b_age

##
## Call:
## lm(formula = hyp_1b ~ wahl + age, data = allbus_hyp_1b)
##
## Coefficients:
## (Intercept)      wahlother             age
##    2.858786       0.065040       -0.005617

allbus_hyp_1b %>%
  ggplot(aes(x= wahl, y = hyp_1b, color = age)) +
    geom_point(position = "jitter") +
  geom_abline(intercept = 2.86, slope = -0.006, color = "red") +
  labs(x = "Wahlentscheidung", y = "Mittelwertscores für Hyp1b") +
  papaja :: theme_apa(base_size = 10) +
  coord_cartesian(ylim = c(1, 4))
```

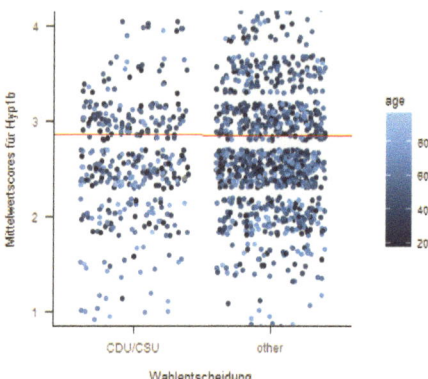

Konfidenzintervall

```
confint(lm_hyp_1b_age)

##                 2.5 %       97.5 %
## (Intercept)  2.748554908  2.96901614
## wahlother   -0.005384048  0.13546425
## age         -0.007379504 -0.00385406
```

Die lineare Regression mit den Variablen „wahl", „hyp_1b" und „age" wurde signifikant (F(2, 1386) = 21.75, p < .001, R² = 0.03). Der Schätzwert für den Steigungsparameter β2 lag bei -0.006 (95% KI für β2 [-0.007, -0.004]).

```
lm_hyp_1c_age <- lm(hyp_1c ~ wahl + age, data = allbus_hyp_1c)

summary(lm_hyp_1c_age)

##
## Call:
## lm(formula = hyp_1c ~ wahl + age, data = allbus_hyp_1c)
##
## Residuals:
##     Min      1Q   Median      3Q      Max
## -2.48961 -0.34579 -0.05815  0.73881  1.17717
##
```

```
## Coefficients:
##              Estimate Std. Error t value Pr(>|t|)
## (Intercept)  3.499638   0.077588  45.106  < 2e-16 ***
## wahlother    0.167637   0.049137   3.412 0.000664 ***
## age         -0.008460   0.001217  -6.951 5.53e-12 ***
## ---
## Signif. codes:  0 '***' 0.001 '**' 0.01 '*' 0.05 '.' 0.1 ' ' 1
##
## Residual standard error: 0.7957 on 1402 degrees of freedom
##   (1 observation deleted due to missingness)
## Multiple R-squared:  0.04256,   Adjusted R-squared:  0.04119
## F-statistic: 31.16 on 2 and 1402 DF,  p-value: 5.751e-14
```

```
# Streudiagramm mit Regressionsgerade
```

```
lm_hyp_1c_age
```

```
##
## Call:
## lm(formula = hyp_1c ~ wahl + age, data = allbus_hyp_1c)
##
## Coefficients:
## (Intercept)    wahlother           age
##     3.49964      0.16764      -0.00846
```

```
allbus_hyp_1c %>%
  ggplot(aes(x= wahl, y = hyp_1c, color = age)) +
    geom_point(position = "jitter") +
  geom_abline(intercept = 3.50, slope = -0.008, color = "red") +
  labs(x = "Wahlentscheidung", y = "Mittelwertscores für Hyp1c") +
  papaja :: theme_apa(base_size = 10) +
  coord_cartesian(ylim = c(1, 4))
```

Konfidenzintervall

```
confint(lm_hyp_1c_age)

##                 2.5 %        97.5 %
## (Intercept)   3.34743743   3.651837953
## wahlother     0.07124678   0.264028000
## age          -0.01084754  -0.006072583
```

Die lineare Regression mit den Variablen „wahl", „hyp_1c" und „age" zeigte signifikante Ergebnisse (F(2, 1402) = 31.16, p < .001, R² = 0.04). Der Schätzwert für den Steigungsparameter β2 betrug -0.008 (95% KI für β2 [-0.01, -0.006]).

4. Diskussion

4.1 Zentrale Ergebnisse

Dieser Bericht befasst sich damit, wie sich Personen mit einer Präferenz für die CDU/CSU von anderen Personen bezüglich der Einstellung zur Verteilung der Geschlechterrollen unterscheiden. Im Speziellen ging es darum, ob die Einstellung zur Verteilung der Geschlechterrollen, bzw. eine konservative Haltung diesbezüglich, von der Wahlentscheidung abhängt.

In der Hypothese 1a wurde davon ausgegangen, dass die Meinung, dass die Frau Zuhause bleiben sollte, während der Mann für den Unterhalt zuständig ist, davon abhängig ist, ob die CDU/CSU oder eine andere Partei gewählt wird bzw. nicht gewählt wird. Auf Basis der Testergebnisse kann an dieser Vermutung festgehalten werden, da sich die lineare Regression dazu als signifikant erwies. Der positive Wert des Steigungsparameter für die Referenzgruppe der Personen, welche die CDU/CSU nicht wählen bzw. nicht an der Wahl teilnehmen, ermöglicht eine Aussage über die Art des linearen Zusammenhangs zwischen der Wahlentscheidung und dieser konservativen Einstellung bezüglich der Verteilung der Geschlechterrollen: Personen, die andere Parteien der CDU/CSU vorziehen bzw. Nichtwähler sind, scheinen eher dieser Meinung zu sein als CDU/CSU-Wähler. Das Konfidenzintervall für den Steigungsparameter beinhaltet allerdings auch Werte nahe null bzw. geringe Werte und zeigt somit, dass der Unterschied zwischen CDU/CSU Wählern und Wählern anderer Parteien bzw. Nichtwählern diesbezüglich auch nur geringfügig sein könnte. Zudem weist die geringe Effektstärke der Regression darauf hin, dass nur ein kleiner Anteil an der Gesamtvarianz der konservativen Einstellung zur Verteilung der Geschlechterrollen durch die Wahlentscheidung erklärt werden kann. Die konservative Einstellung in Bezug auf die Verteilung der Geschlechterrollen wurde hier durch den Grad der Zustimmung bzw. Ablehnung der Meinung, dass die Frau Zuhause bleiben sollte, während der Mann für den Unterhalt zuständig ist, operationalisiert.

33

Die Hypothese 1b besagt, dass die Präferenz dafür, dass die Frau den Haushalt übernimmt, selbst wenn beide Partner berufstätig sind, davon abhängen sollte, ob die CDU/CSU oder eine andere Partei gewählt wird bzw. nicht gewählt wird. Das signifikante Ergebnis der entsprechenden linearen Regression widerlegt diese Annahme nicht. Der positive Steigungsparameter der Regression für die Referenzgruppe der Personen, die andere Parteien gegenüber der CDU/CSU präferieren bzw. Nichtwähler sind, deutet darauf hin, dass diese Personen eher der Meinung sind, dass die Frau den Haushalt übernehmen sollte, wenn beide Partner berufstätig sind, als CDU/CSU-Wähler. Das Konfidenzintervall gibt auch hier Werte nahe der Null bzw. kleine Werte als plausibel für den Steigungsparameter an. Daher könnte bei dieser Hypothese der Unterschied zwischen CDU/CSU-Wählern und Personen, die andere Parteien präferieren bzw. nicht wählen, ebenfalls als geringfügig eingestuft werden. Die Regression liefert abermals eine kleine Effektstärke und somit zeigt sich auch hier, dass die Wahlentscheidung der Probanden nur einen geringen Anteil an der Gesamtvarianz der konservativen Einstellung zur Verteilung der Geschlechterrollen erklären kann. Diese konservative Einstellung wurde bei der Hypothese 1b durch den Grad der Zustimmung bzw. Ablehnung der Präferenz dafür, dass die Frau den Haushalt übernimmt, selbst wenn beide Partner berufstätig sind, operationalisiert.

In der Hypothese 1c wurde angenommen, dass die Einstellung, dass die Frau lieber ihren Mann bei seinem Berufserfolg unterstützen sollte, davon abhängt, ob die CDU/CSU oder eine andere Partei gewählt wird bzw. nicht gewählt wird. Die statistischen Ergebnisse der entsprechenden linearen Regression stehen in keinem Widerspruch zu dieser Vermutung. Ein ebenfalls positiver Steigungsparameter bezogen auf die Referenzgruppe an Personen, welche nicht die CDU/CSU wählen bzw. Nichtwähler sind, liefert detailliertere Einblicke in die Art des Zusammenhangs zwischen der Wahlentscheidung und dieser konservativen Einstellung, da er darauf hinweist, dass CDU/CSU-Wähler weniger diese Einstellung vertreten als Wähler anderer Parteien bzw. Nichtwähler. Allerdings demonstrierte auch bei der Testung dieser Hypothese das entsprechende Konfidenzintervall plausible Werte für den Steigungsparameter nahe der Null bzw. Werte von kleinem Ausmaß. Daraus lässt sich wiederum erneut schließen, dass sich CDU/CSU-Wähler und andere Personen nur geringfügig in Bezug auf eine konservative Einstellung zur Verteilung der Geschlechterrollen unterscheiden könnten. Auch bei der Regression zu dieser Hypothese lässt die geringe resultierende Effektstäre darauf schließen, dass die Wahlentscheidung der Probanden nur einen geringen Beitrag dazu leistet, die Gesamtvarianz der konservativen Einstellung zur Verteilung der Geschlechterrollen erklären zu können.

Die statistische Analyse der Hypothesen 1a, 1b und 1c diente dem Zweck die übergeordnete Hypothese 1 zu überprüfen. Diese besagt, dass die Einstellung zur Verteilung der

34

Geschlechterrollen bzw. eine konservative Haltung diesbezüglich (linear) von der Wahlentscheidung der Probanden abhängen sollte. Auf Basis der vorliegenden Ergebnisse, kann man nicht nur davon ausgehen, dass dieser (lineare) Zusammenhang besteht, sondern auch davon, dass Wähler anderer Parteien bzw. Nichtwähler konservativer bezüglich der Verteilung der Geschlechterrollen eingestellt sind als CDU/CSU-Wähler. Allerdings ist anzunehmen, dass dieser Unterschied nur von kleinem Ausmaß sein könnte und die Wahlentscheidung der Probanden allein die Gesamtvarianz der konservativen Einstellung zur Verteilung der Geschlechterrollen nicht hinreichend erklären kann.

Im explorativen Teil dieser Arbeit wurde zum einen untersucht, ob sich der Zusammenhang zwischen der Wahlentscheidung und einer konservativen Einstellung bezüglich der Verteilung der Geschlechterrollen unterscheidet, wenn anstatt der bevorzugten Partei im Jahr 2016 die gewählte Partei in der Bundestagswahl im Jahr 2013 herangezogen wird. Die signifikanten Ergebnisse aller drei linearen Regressionen deuten darauf hin, dass es im Jahr 2013 ebenfalls einen Zusammenhang zwischen der Wahlentscheidung und einer konservativen Einstellung bezüglich der Verteilung der Geschlechterrollen gab. Da der Steigungsparameter der Referenzgruppe der Wähler anderer Parteien bzw. Nichtwähler in allen drei explorativen Analysen einen positiven Wert aufwies, kann man außerdem davon ausgehen, dass CDU/CSU-Nichtwähler auch im Jahr 2013 eine konservativere Einstellung bezüglich der Verteilung der Geschlechterrollen hatten als Personen, welche die CDU/CSU wählten. Die Konfidenzintervalle zeigten, dass auch Werte nahe Null bzw. geringe Werte plausibel für die Steigungsparameter sind. Daher ist auch ein nur geringfügiger Unterschied zwischen CDU/CSU-Wählern und Wählern anderer Parteien bzw. Nichtwählern möglich. Die kleinen Effektstärken der Regressionen lassen darauf schließen, dass nur ein kleiner Anteil der Gesamtvarianz der konservativen Einstellung in Bezug auf die Verteilung der Geschlechterrollen durch die Wahlentscheidung bei der Bundestagswahl 2013 erklärt werden kann.

Zum anderen wurde explorativ getestet, welchen Einfluss die Kovariable Alter auf den Zusammenhang zwischen der Wahlentscheidung und einer konservativen Einstellung zur Verteilung der Geschlechterrollen hat. Unter Einbezug dieser Kovariable erwiesen sich die Ergebnisse der drei linearen Regressionen ebenfalls als signifikant. Dies lässt den Schluss zu, dass das Alter einen Einfluss auf den Zusammenhang zwischen der Wahlentscheidung und einer konservativen Einstellung bezüglich der Verteilung der Geschlechterrollen hat. Der Steigungsparameter der Kovariable Alter kann die Art dieses Einflusses näher erklären: In allen drei Regressionen wies er negative Werte auf. Daher kann man davon ausgehen, dass die Ausprägung einer konservativen Einstellung zur Verteilung der Geschlechterrollen mit zunehmendem Alter der Probanden abnimmt. Für den Steigungsparameter geben die Konfidenzintervalle ausschließlich

Werte nahe Null als plausibel an. Der Einfluss des Alters der Probanden auf den Zusammenhang zwischen der Wahlentscheidung und einer konservativen Einstellung zur Verteilung der Geschlechterrollen kann aus diesem Grund als vernachlässigbar betrachtet werden. Außerdem legen die kleinen Effektstärken offen, dass wieder nur ein geringer Anteil der Gesamtvarianz der konservativen Einstellung zur Verteilung der Geschlechterrollen durch die Wahlentscheidung erklärt werden kann, selbst wenn man das Alter der Probanden miteinbezieht.

4.2 Diskussion der Ergebnisse

Die CDU/CSU wird allgemein als eher konservativere Partei wahrgenommen, daher könnte man davon ausgehen, dass Wähler dieser Partei auch konservativer bezüglich der Verteilung der Geschlechterrollen eingestellt sein sollten. Dies konnte jedoch in den vorliegenden Ergebnissen nicht gezeigt werden. Die Resultate der linearen Regressionen deuten zwar auf einen Zusammenhang zwischen der Wahlentscheidung und einer konservativen Einstellung bezüglich der Verteilung der Geschlechterrollen hin, allerdings liefern die Steigungsparameter Hinweise dafür, dass Wähler anderer Parteien bzw. Nichtwähler diesbezüglich konservativer eingestellt sind als CDU/CSU-Wähler. Dies könnte daran liegen, dass sehr konservative Wähler eher extremere Parteien als die CDU/CSU wählen und somit die Gruppe der Wähler anderer Parteien bzw. Nichtwähler insgesamt als konservativer dargestellt wurde. Allerdings ist in diesem Zusammenhang auch erwähnenswert, dass sich der Unterschied zwischen CDU/CSU-Wählern und anderen Personen in Bezug auf ihre vermeintlich konservative Einstellung zur Verteilung der Geschlechterrollen auch von nur geringem Ausmaß sein könnte. Zudem erschien die Vorhersagekraft der Wahlentscheidung der Probanden für ihre konservative Einstellung allein als unzureichend, da sie nur einen kleinen Anteil der Gesamtvarianz zu erklären vermochte.

Die Effektstärken der Regressionen zur Testung der aufgestellten Hypothesen erwiesen sich durchgehend als von kleinem Ausmaß, das lässt auf einen sehr geringen Anteil an der Gesamtvarianz der konservativen Einstellung zur Verteilung der Geschlechterrollen schließen, der durch die Wahlentscheidung erklärt werden kann. Ein Grund für die sehr geringen Anteile der erklärten Varianz könnte sein, dass neben der Wahlentscheidung noch mehr Umstände die konservative Ausprägung der Einstellung zur Verteilung der Geschlechterrollen beeinflussen und dies möglicherweise zu einem weitaus größeren Ausmaß. Weiter Einflussfaktoren könnten das Geschlecht sein, da Frauen direkt betroffen sind und somit weniger konservativ eingestellt sein könnten, oder der Schulabschluss, da ein höherer Schulabschluss typischerweise mit einer stärkeren Aufgeklärtheit einhergeht.

Um die unerwartet konservativere Einstellung bezüglich der Verteilung der Geschlechterrollen bei CDU/CSU-Nichtwählern erklären zu können, wurden einerseits die Wahlentscheidung bei der Bundestagswahl 2013 und andererseits das Alter der Probanden herangezogen. Die Resultate dieser explorativen Analysen zeigen, dass auch zwischen der Wahlentscheidung im Jahr 2013 und einer konservativen Einstellung bezüglich der Verteilung der Geschlechterrollen ein signifikanter Zusammenhang bestand, jedoch war auch hier eine konservative Einstellung diesbezüglich bei CDU/CSU-Wählern weniger stark ausgeprägt. Allerdings könnte dieser Unterschied nur von kleinem Ausmaß sein, da auch Werte nahe der Null als plausibel für die Steigungsparameter galten. Eine gute Vorhersage in Bezug auf eine konservative Einstellung zur Verteilung der Geschlechterrollen nur aufgrund der Wahlentscheidung im Jahr 2013 ist aufgrund der geringen Effektstärken der entsprechenden Regressionen kaum möglich. Ein Grund für die fehlende Abweichung zwischen dem Ergebnismustern im Jahr 2013 und 2016 könnte sein, dass die Gesellschaft möglicherweise bezüglich der Emanzipation und Gleichberechtigung der Frau bereits im Jahr 2013 aufgeklärt war.

Auch der Einbezug der Kovariable Alter konnte keine zufriedenstellende Erklärung für die unerwartete stärkere konservative Einstellung bezüglich der Verteilung der Geschlechterrollen bei CDU/CSU-Nichtwählern bereitstellen. Die Analysen wiesen zwar darauf hin, dass das Alter der Probanden den Zusammenhang zwischen der Wahlentscheidung und einer konservativen Einstellung zur Verteilung der Geschlechterrollen beeinflusst: Mit zunehmendem Alter der Probanden zeigte sich deren konservative Einstellung diesbezüglich weniger stark ausgeprägt. Möglicherweise ist das Bewusstsein für die Auswirkungen solcher konservativeren Einstellungen bei älteren Generationen größer, da diese deren Auswirkungen auf z.B. die Rente der Frau am eigenen Leib erfahren haben und sich daher bemühen könnten weniger konservativ bei der Verteilung der Geschlechterrollen eingestellt zu sein. Jedoch beinhalteten die Konfidenzintervalle für die entsprechenden Steigungsparameter bei den Analysen des Einflusses dieser Kovariable ausschließlich Werte nahe der Null, daher ist der Einfluss des Alters der Probanden auf den Zusammenhang zwischen der Wahlentscheidung und dieser konservativen Einstellung als nachrangig anzusehen. Die Effektstärken waren abermals gering, weshalb eine Vorhersage der konservativen Einstellung zur Verteilung der Geschlechterrollen anhand der Wahlentscheidung und des Alters der Probanden nur bedingt erfolgreich ist.

4.3 Grenzen der Analyse

Bemerkenswert ist, dass kein Teilnehmer der Umfrage alle 589 Fragen beantwortet hat, sondern immer nur einen Teil davon. Diese Tatsache führt zu sehr vielen fehlenden Werten, deshalb darf nicht vernachlässigt werden, dass zwar die Auswahl der Teilnehmer repräsentativ erfolgte, jedoch durch viele unbeantwortete Fragen die Ergebnisse zu einzelnen, bestimmten Themen nicht mehr repräsentativ für die Bundesrepublik Deutschland sind. Daher sollten die Ergebnisse der Analysen unter Vorbehalt interpretiert werden.

Da in dieser Arbeit bei den Wählern nur zwischen CDU/CSU-Wählern und Wählern anderer Parteien bzw. Nichtwählern unterschieden wurde, war die Anzahl der CDU/CSU-Wähler deutlich kleiner als die andere Gruppe. Dies hat Auswirkungen auf die linearen Regressionen, da es deren Ergebnisse verzerren kann. Auch aus diesem Grund sollten die Ergebnisse der statistischen Untersuchungen mit Vorsicht interpretiert werden.

Aus den erwähnten Limitationen lassen sich auch Implikationen für die zukünftige Forschung ableiten. Aufgrund der vielen nicht beantworteten Items und daraus resultierenden zahlreichen fehlenden Werte, welche eine Generalisierbarkeit der Ergebnisse trotz der Repräsentativität der Stichprobe schmälern könnte, wäre es wünschenswert auf knappere Befragungsinstrumente zu achten und die Probanden zu motivieren, die Befragung vollständig durchzuführen.

.